山水有清音

黄花梨 沉香书房展

编

海南省博物馆

主编

苏启雅

文物出版社

图书在版编目（CIP）数据

山水有清音：黄花梨沉香书房展 / 海南省博物馆编；苏启雅主编. --
北京：文物出版社，2023.10
　ISBN 978-7-5010-8165-3

　Ⅰ.①山… Ⅱ.①海… ②苏… Ⅲ.①降香黄檀—木家具—中国—古
代—图集 Ⅳ.① TS666.202-64

中国国家版本馆 CIP 数据核字 (2023) 第 158408 号

乡情·乡思——故宫藏黄花梨 沉香文物精品系列展

山水有清音——黄花梨 沉香书房展

编　　者　海南省博物馆

责任编辑　王　伟
责任印制　张道奇
装帧设计　支艳杰　赵　宇

出版发行　文物出版社
社　　址　北京市东城区东直门内北小街 2 号楼
邮　　编　100007
网　　址　http://www.wenwu.com
经　　销　新华书店
制版印刷　雅昌文化（集团）有限公司
开　　本　889mm × 1194mm　1/16
印　　张　8
版　　次　2023 年 10 月第 1 版
印　　次　2023 年 10 月第 1 次印刷
书　　号　ISBN 978-7-5010-8165-3
定　　价　296.00 元

海南省博物馆编辑出版委员会

主 任 委 员：苏启雅

副主任委员：王辉山

委　　　员：(按姓氏笔画为序)

王　静　王明忠　王辉山　王翠娥　包春磊　刘　凡　苏启雅

何国俊　寿佳琦　李　钊　林　晖　贾　宾　贾世杰　高文杰

《山水有清音——黄花梨沉香书房展》

主　　编：苏启雅

副 主 编：王辉山

执行主编：刘　凡

装帧设计：支艳杰　赵　宇

英文翻译：贾世杰

"山水有清音——黄花梨沉香书房展"

海南省博物馆

展览策划：苏启雅

项目统筹：刘　凡　贾世杰

内容设计：刘　凡　麦静月

形式设计：芮　彦　刘安迪　支艳杰

文物描述：张　晨　刘　凡

文物摄影：刘安迪　陈辉养

展览配合：高文杰　张　晨　孔　敏　陈燕燕　王　鑫　王翠娥

朱　纬　蒋　斌　吴　慧　王一宇　孙琼新　陈金峰

展览协作：办公室　藏品保管部　安全监管部　藏品征集部　公共服务部　图书资料部

故宫博物院

展览策划：任万平　王跃工

项目统筹：许　凯　严　勇　韩　倩　吕韶音

内容设计：周京南

文物描述：(按姓氏笔画为序)

于　倩　王　嚞　万秀锋　仇泰格　付　蕾　孙　悦　孙召华

刘　岳　刘珊珊　张　涵　杨立为　罗　端　周京南　赵丽红

姚　婷　唐雪梅　黄　英　黄　剑　景　闻　温　馨

文物摄影：余宁川　金悦平　孙志远

展览配合：刘　岳　付　蕾　刘珊珊　魏　晨　高晓然

仇泰格　黄　英　李敬源　崔光耀　张沛沛

Preface

Hainan island has precious natural resources, most notable of which are lush pristine forests with most suitable soil for the thriving growth of Aquilaria malaccensis, which is more colloquially known as Agarwood. Hainan's agarwood is touted as "the world's best" and can raise well over "tens of thousands of yuan for just a bark piece".Additionally, the distinctive qualities of fragrant rosewood, characterized by its gentle nature, the serenity it exudes, as well as its elegant and splendid patterns, have earned it the reputation as the "Queen of all trees". Since antiquity, the inherent beauty of both fragrant rosewood and agarwood has allowed them to traverse across the open seas from the coastal regions and remote mountains into the imperial court as offerings, after which they had become cherished treasures. During the Ming and Qing dynasties, Hainan's fragrant rosewood and agarwood garnered even greater favor from the imperial court.

As time progresses, new chapters unfolded, marking the continuous advancement of the Chinese civilization. During the commemoration of the fifth establishment anniversary of the Hainan Free Trade Port, we curated the invaluable fragrant rosewood and agarwood collections of the Palace Museum and arranged them a homecoming visit to Hainan. The exhibition was named The Serene Melodies of Mountains and Waters: Cultural Relics made of fragrant rosewood and agarwood in the Study, which is part of Nostalgia & Reminiscence: Exhibiting the Palace Museum's Finest Cultural Relics made of fragrant rosewood and Agarwood. By unveiling these exquisite treasures, which were previously hidden away within palace walls, to our local community, it's our intention to help the audience to reach the summit of history, where they can contemplate the outstanding contributions and historical significance of these wood species, as well as the vibrant cultural richness unique to Hainan province. This exhibition serves as a living testament to our continued journey towards leveraging the Free Trade Port's leap into a higher benchmark, if not also an effort towards completing a magnificent portrait of China's cultural heritage.

Written by SU Qiya, the director of Hainan Provincial Museum, in May 2023

序

　　海南岛物产丰富且多珍奇，尤其原始森林植被茂密，拥有沉香最适宜生长的土壤，盛产的沉香素有"一片万钱，冠绝天下"的美誉。独有的花梨木以温润沉静的秉性和典雅华美的纹饰，被誉为"木中皇后"，黄花梨、沉香因天生丽质，自古代起就从海隅深山跨海而去，入贡朝廷，成为宫中宠物。明清以降，海南黄花梨、沉香更是备受宫廷青睐。

　　时序更替，华章日新。我们从故宫博物院引进黄花梨、沉香珍贵藏品回到故乡海南，在庆祝海南自贸港建设五周年之际举办"乡情·乡思——故宫藏黄花梨沉香文物精品系列展"之"山水有清音——黄花梨沉香书房展"，让深藏宫中的精美珍品万里归途重现乡亲面前，目的就是让广大观众朋友们站在历史的峰峦上，回望黄花梨、沉香在传统文化发展历程中的杰出贡献及其历史地位，生动展现海南独有的文化内涵，在建设更高水平自由贸易港征程上，绘就绚丽的篇章。

海南省博物馆　馆长　苏启雅

2023 年 5 月

14 / 海南黄花梨雕《笑看人生》　　16 / 海南黄花梨雕《达摩一苇渡江》　　17 / 海南黄花梨雕《花插》　　18 / 海南黄花梨雕《大白菜》　　19 / 海南黄花梨雕《梅花》　　20 /《香乘》　　21 /《新纂香谱》　　22 /《琼黎风俗图》　　31 /《本草纲目》　　33 / 沉香山子摆件　　36 / 沉香木雕山水人物图笔筒　　37 / 沉香木雕天然式笔筒　　38 / 江春波款沉香木雕山水图杯　　39 / 沉香木雕山水图方斗式杯　　40 / 沉香木雕寿星　　41 / 沉香木雕金漆自在观音像　　42 / 沉香木雕菊花图臂搁　　43 / 沉香木如意　　44 / 沉香油　　45 / 伽南香木镂雕兰花纹扁方　　46 / 伽南香十八子手串　　47 / 伽南香带珠饰翠佩　　48 / 竹根雕东方朔卧像　　50 / 黄花梨木百宝嵌石榴绶带纹盒　　52 / 海南黄花梨食盒　　53 / 黄花梨药箱　　54 / 海南黄花梨匣子　　55 / 黄花梨枕头箱　　56 / 黄花梨笔筒　　58 / 南宋鲁宗贵款《芦雁图》轴　　59 / 王映斗楷书七言联　　60 / 明代三彩陶供案、陶交椅　　62 / 明代三彩陶交椅、陶柜、陶圈椅　　66 / 峨嵋松琴　　68 / 黑漆镶螺钿人物故事纹小香几　　69 / 铜狮耳香炉　　69 / 铜香炉　　76 / 黄花梨罗汉床　　78 / 黄花梨雕回纹案（一对）　　80 / 花梨木书格　　83 / 黄花梨书格　　84 / 花梨桦木心翘头桌　　86 / 紫檀木长方桌　　87 / 黄花梨条桌　　88 / 黄花梨木香几　　89 / 黄花梨雕花圆凳　　90 / 黄花梨四出头官帽椅　　92 / 白玉三事　　94 / 乾隆款掐丝珐琅三事　　96 / 青玉《兰亭集序》插屏　　98 / 掐丝珐琅笔架　　99 / 青玉三鹅笔架　　101 / 竹管锦纹寿字紫毫笔　　102 / 黄花梨木管鬃毫大抓笔　　103 / 御铭松花石蝉纹池长方砚　　104 / "张鸿坤制"款宜兴紫砂刻字四方斗杯　　105 / 康熙辛卯年制款宜兴窑紫砂壶　　106 / 宜兴窑紫砂桃式水丞　　107 / 海南黄花梨镇尺　　107 / 海南黄花梨砚台　　108 / 海南黄花梨笔架　　109 / 海南黄花梨笔洗　　109 / 海南黄花梨笔筒　　110 / 红地粉彩博古纹瓶　　113 / 青花鹤鹿同春花觚　　114 / 青花缠枝花卉玉壶春瓶　　115 / 粉彩云蝠纹赏瓶　　116 / 青花山水人物纹瓷卷缸　　119 / 锡香炉　　120 / 狮子踩绣球铜香薰　　121 / 金鸡独立铜香薰　　122 / 童子牧牛铜香薰　　123 / 湘妃竹香筒　　124 / 紫檀木边座嵌瓷白地墨彩山水图插屏　　126 / 龙泉窑青釉瓷香插

目录

5 / 序

10 / 乡情·乡思
　　——故宫藏黄花梨沉香文物精品系列展

11 / 山水有清音
　　——黄花梨沉香书房展

127 / 后记

乡情·乡恩

故宫藏黄花梨沉香
文物精品系列展

海南黄花梨、沉香与故宫有着几百年的渊源。海南岛得天独厚的自然环境，培育出木中奇材黄花梨、沉香，这是大自然赐予海南的天然瑰宝！从唐代开始沉香即是土贡；宋时黄花梨又成为宫廷贡品。明清两代采自黎山深处的黄花梨成为皇室贵族御用家具的名贵材料，清廷专门设有管理沉香的机构，以保证皇家用香的规范；集天地之精华，万物之灵气的黄花梨与沉香至此成为标榜皇权尊贵与气派的标识。

今天，远离海隅深山几百年的奇珍瑰宝重归故土，深藏宫中的精美得以重现乡亲面前，既是历史的回望，更是文化盛宴。海南省旅游和文化广电体育厅与故宫博物院联合主办"山水有清音——黄花梨沉香书房展"是"乡情·乡思——故宫藏黄花梨沉香文物精品系列展"之一，旨在让观众在黄花梨与沉香的故乡了解其在中国传统文化中的作用与贡献，彰显海南风物在中国传统文化中的历史地位。

"室雅何需大，花香不在多"。在"以文为业砚为田"的中国传统社会，书房是古代文人怡情翰墨、醉意诗书的精神乐园，尤其是明代文人书房，布局格调独具匠心，充满着闲情雅趣。传统文人书房的重要陈设就是格调高雅古朴的明式家具，黄花梨家具又是明式家具的经典代表。古代的能工巧匠们以铸凿斧锯，娴熟地游走于来自海南岛黎山深处的黄花梨木之上，精雕细刻，斫木成器，打造出造型端庄大方、装饰洗练的明式家具，呈现出一种"天然去雕饰、清水出芙蓉"的意韵，与中国古代文人"恬淡闲适"的精神需求恰相契合，从而成为文人雅士垂青的书房陈设。沉香为众香之首，香品高雅，香味独特，珍稀难得，自明清以来，这种产于海南岛地区的名贵香料，和黎山深处的黄花梨木一道，作为重要的贡品进献宫中，而大量以沉香制作的文房用品因其精雕细琢，工精料细，深受帝后们的喜爱，这次展览选用了故宫珍藏的经典黄花梨家具和沉香雅玩，万里归途，回到家乡，布置在静谧安详的书房中，让我们沉浸其中，细观慢品这每一件精品杰作，感受到黄花梨和沉香艺术品无穷的艺术魅力，领悟到当时国运昌盛的历史条件下带给艺术的空前推动力和创造力。

山水有清音

——黄花梨沉香书房展

海南盛产沉香、黄花梨与其原生环境息息相关。海南岛地处北回归线以南的热带北缘，属热带季风气候，素来有"天然大温室"的美称，这里长夏无冬，降水量充沛，是我国热带森林的主要分布地、植物种类最丰富的地区之一；海南岛地势中部高，四周低，河流源于中部山区，组成辐射状水系，其土壤为砖红壤。独特的地理环境使海南岛盛产的珍奇物产跨海而出。

　　清人程秉钊的《琼州杂事诗》里以七言诗的形式对海南岛的物产进行了概括，其中有一句诗特意提到了"花黎木"："花黎龙骨与香楠，良贾工操术四三。争似海中求饮木，茶禅如向赵州参。"诗下有注解将花黎写成"花梨"："花梨、龙骨、香楠皆海南木之珍者。"

　　"自古海南出奇香。"明代香学大家周嘉胄的《香乘》云："香出占城者不若真腊真腊，不若海南黎峒黎峒，又以万安黎母山东峒者冠绝天下，谓之海南沉一片万钱。"这是因为海南沉香用于煎香、焚香时，整块香料都为油脂，没有纤维，焚烧起来无刺鼻味道，香气醇厚幽静，十分迷人。当香气渐次散发出来时，平心静气，放松身心，与香融合为一，可充分享受沉香所带来的美妙香韵，无论个人独享，还是与人分享，皆为美好雅事。

黄花梨产地表		
引书	木材名称	产地
《本草拾遗》	花榈	安南及海南
《格古要论》	花梨	南番广东
《南越笔记》	花梨木	崖州昌化陵水
	花梨木	占城
《广东新语》	花榈	文昌陵水
《海槎余录》	花梨木	黎山
《诸番志》	花黎木	海南
《琼州杂事诗》	花黎	海南

海南黄花梨雕《笑看人生》

当代
通高 39 厘米，长 30 厘米，宽 18 厘米
海南省博物馆藏

弥勒佛是世尊释迦牟尼佛的继任者，有着至高无上的力量，它的形象是以布袋和尚为原型而塑造的，不同于其他佛教造像的威武庄严，弥勒佛袒胸露腹、笑容可掬的形象，显得更为亲切，代表着量大福大。"大肚能容容天下难容之事，开口便笑笑世上可笑之人"，这件海南黄花梨弥勒佛雕件，面含微笑，衣袂飘然，左手前指，将弥勒佛的常笑大肚精神体现得淋漓尽致。

海南黄花梨雕《达摩一苇渡江》

当代
通高 38.5 厘米，长 34 厘米，宽 4.5 厘米
海南省博物馆藏

此摆件采用镂空和浮雕相结合的手法，只见达摩祖师脚踏芦苇，泛起朵朵浪花，似一叶孤舟，又似御风而行，飘飘然渡过长江，诠释着一往无前的精神，使得一代禅宗大师的风范跃然于眼前。

一苇渡江是达摩祖师的宗教故事，他是中国禅宗的初祖。达摩面壁九年修行，有"面壁九年成正果，风风火火渡江来"的说法。

海南黄花梨雕《花插》

当代
通高 31 厘米，宽 10 厘米
海南省博物馆藏

此件花插敞口，器身整体雕刻为一段树干形状，用镂空雕和高浮雕等技法刻画出一枝松树和松枝自上而下伸展的形象，枝干遒劲，枝头数朵松针呈伞状分布。作品形象生动，刻工精细流畅。

海南黄花梨雕《大白菜》

当代
通高 33 厘米，宽 18 厘米
海南省博物馆藏

　　黄花梨白菜随形木雕，由整木
雕刻而成，白菜叶脉、肌理、根部
均表达到位，细节逼真。白菜的谐
音为"百财"，有聚财、招财、发
财、百财聚来等含意。

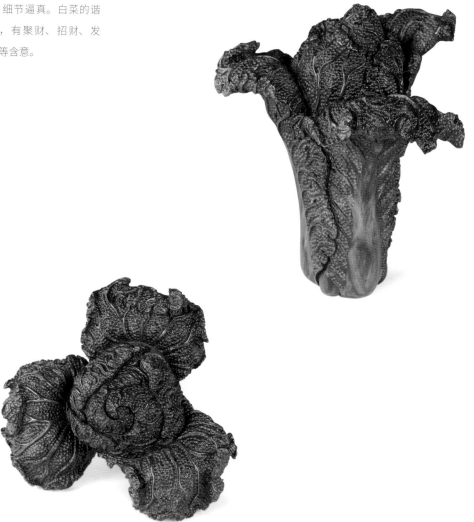

海南黄花梨雕《梅花》

当代
通高 61 厘米，宽 15 厘米
海南省博物馆藏

　　此件海黄雕梅花摆件，枝丫
蜿蜒有力，用独特的工艺展现了
梅花傲然绽放，千娇百媚的姿态。
神韵逼真，韵味古朴，造型雅致，
通体满纹，可多面观赏。

《香乘》

清代刻本

长 20 厘米，宽 13 厘米

复制品，原件为清代刻本，现藏于南京大学图书馆

由明代周嘉胄编撰的香学典籍《香乘》共二十八卷，卷一即载："香最多品类出交广崖州及海南诸国……香出占城（越南）者，不若真腊（柬埔寨），真腊不若海南黎峒，黎峒又以万安黎母山东峒者冠绝天下，谓之海南沉香一片万钱。"

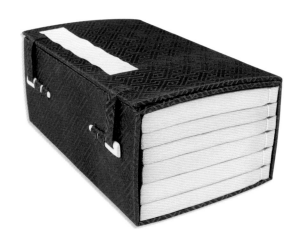

男女自相悦慕之後男婿琴百年同穴
于親手承接謂之結絲線絲女門女
仟先以檳榔訂婚隨俗牛酒吉貝若干
鋪面之式女家會親屬女二三日爲紋
涅以檳女面經婚則是者逸不取犯矣二三日後
男家姑婦携男至女家鳶自後攜之而歸納婦爲吉
即負女於背女彖舋富出吉
貝多少爲秦其洞以居云

繩結明牽月下絲檳柳吉貝
洞風宜新粧絲而新郎皆王
會圓中市一帚

女美臭簫男嗜琴百年同穴
爲知音閫閾亦有和聲應沐
浴周南取次深

姬應廷宣

蔡人婚無六礼每於春夏之交男女深山曠
聯答多者之知音聆喧唱聚歌相技
野潤嘗絳唱歌尋臭簫迷唱聚歌相技
東二九以子抹之就裏四叩吸作聲喧喧相調爲
士長囬可許言親約之本中鸞成小亦以口擒銅
以手擒吾謹心甚之

蔡人掃無六礼每於春夏之交男以深山曠

知也生蔡不知田往來踐踏後水土
時維拳牛於田往來踐踏後水土
交融以手擒粧於上不樹不拉奴
郵皷服歌
年多近季頗受思文教學人康
葴顧厚爲

楠木荟梨出海南蔡人水運宣
絲語明堂擡拄神靈擡陸潤寫
清肌段甘

楠木花梨譽本必庭深洞峻嶺之上蓐
音極些之端外人糞於蓐附易至偹生
於蔡人每俟一株必經月而成材資
山下洞中俟洪而流急始絪竹不爲筏载至於
人秉筏隨流而下至溪陸統之處則急筏後浮出
莆云木因水势衝下蓐如山崩及水碁重人在
随深沒者亦有木隨水下紅更不及随水出海付之
洪濤者運木囬来曷三乜

五指山中茂產蓐貪黍割刮
苦辛絲鳳娀春陌鞁神駭
三夫薦經萬里曾

三錫堂

蔡蓐黄白二種蓐産於石巌之上
長蓐大外販造寀其中催蔡人採之
取蔡之無薹者競趨之蓐内生産各
蓐爲最競每威運至海口不服矣
省均類其囿利害湾矣

境州蔡人居五指山中者爲生蔡不與州人交其外
爲蔡蓐耕州地原遷後多性多性宜不狎則王
英征新硐會力牧黎無亊征南柑
其土占方之名稱首自洪武二十三年乙亥敗俗命征南柑
沐英慰封之蔡二十三年乙亥敗俗命征南柑
亊末賛氏亊目觀珠夷之振厚以志歸順之誠之杆軍
俗十五硐倂各記以詩以志歸順之誠之杆軍
宜一孛三錫莆人順治乙雨秋七月
徐姚眺木黄宗羲題

探獸山中水射真煙銷厚朴學皇至一年正課
全寬平祥戟章韋去向
丙子中秋荷之日

崑江鄧廷宣

蔡中穉蕘最多每遇大澗意蕘期
往涉蔡人往来栽山隂苦
盧帶探身潤五指紅布練黏團則邁
手抱之淖水而迫维等仍者水林
此蔡絕掛亦有長小山牛飲犰乎作
一相將穉其浮每夾夹字而流名者
蔡母山貝驟母深乾牝勇作掛逼泳
滋情形性留百囿渡王汲無庸誠

葴杠

崑江鄧廷宣

蔡人鳌悍性成因題一言不合撤持矛矢撼
諠尚嘗赤刀逞若澤婦人径中一
閣侀佁丈正吼五指紅布練彄祥此蒻
阳以省吉甲以牛爲祭竟酒方亲澗示囿品罪
主往本年有少牛方盟洒閖酒示囿品
息尊本本不爲石頗約結魂而人
檳礼箴娴迺且生蔡仇殺
少都知官法言此山

三錫堂

《新纂香谱》

民国刻本

长 30 厘米，宽 18 厘米

复制品，原件为民国时期刻本，现藏于南京大学图书馆

《新纂香谱》，又称《陈氏香谱》，四卷，南宋陈敬撰，翔实记载了香品产地、宋代及以前社会用香概况、香药与熏香料配方、香料的收藏方法，收录了与香有关的文人作品。书中载："岭南岩高峻处亦有之，但不及海南者香气清婉。"

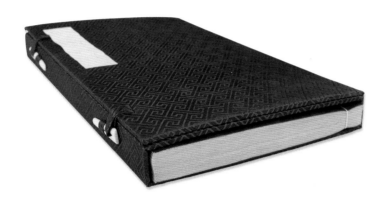

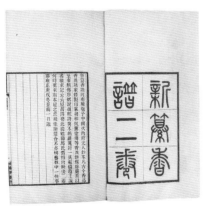

《琼黎风俗图》

清代册页

画芯纵 33.3 厘米，横 30.4 厘米

海南省博物馆藏

以图、文相配的形式描绘黎族群众生产、生活场景。共 15 开页，均为右图左题，分别是：建屋、纺织、耕种、对歌、嫁娶、聚会、跳鬼、取香、采藤、放排、传信、贸易、渡河、谈判、渔猎等。图中人物线条简练，色彩鲜明又多用原色，注意色调的和谐统一；山石背景用青绿法，勾勒填色，渲染得整体恰到好处。

册页的封面右上贴有行书署签："明邓廷宣绘琼州黎人风俗图"。在册页末页有清顺治浙江余姚黄宗炎楷书题跋一通。但书画鉴定专家经过仔细的审鉴，确定其年代应为清代中晚期。

该件原藏于河南省新乡市博物馆，黎族画图贴说类型册页在国内仅有三本，一本在中国国家博物馆，一本在广东中山图书馆，但以新乡博物馆所藏版本最好。

此册页是现存较早的以图文并茂形式描绘明清时期海南黎族社会风貌的资料，为研究当时黎族社会历史和经济文化提供了珍贵的文物资料。

黎人擇地建屋廬止一間男女同處一二年間
地藉力薄葉之他佐其屋形似覆舟或茅或葵
或椰葉被之門皆倚茶而開六其傍以為脇屋
內架木為欄橫鋪竹木去地三四尺不等名有
高欄低欄之今而製無牀上居男婦下畜鷄豚
生烹煮類如此稍異者欄內用棚通鋪前
後廚壯竈慶並在屋後當前為
地。下挖窖列三石以置竈席地炊煮惟於棚
上寢處此其大異也
舟居非水類鳴方人物差今上下林報典
有巢民識得漸來棟宇誣虞唐

燕江鄧廷宣

黎人擇地建屋廬止一間男女同慶一二年間
揉木棉樹之實取其棉以竹弓彈為絮惟
引為線染為布曰吉貝成學山麻綵綠布撰樹
皮汁珠為色以五色綵裸其上名曰黎布
織布者皆以五色綵繡其上名曰黎布
織布之法模其經兩端各用小圓木一條貫
之長出布潤之外一端以純縈圓木於是
間以發足踏潤木兩傍而伸之於以縋為以
漸移其木而成正赤不可謂不巧也
不寧蚕桑采不諳棉絲令多巧遠邃珠崖人漢年
其傳黎婦令多巧遠邃珠崖人漢年

懦泰浮樽古來遠酒狂踏鼓自陶:慶
黎本織篝親裁較直歡酤樂
聖朝
黎人每五客序十月後稿藝作沙傍相聚今成
遲稀此牟其名作顯家古素其息牟飲呼它地置
眇絃持牟而善之牟精帽大之類而主之男女
廥地而聚持歌豆相倡閭畫詩
郭佐詩歌铜鼓敲椎釵牟以木豆茶罌具
上一人嘴征跳吹銅鼓嗽歡呼謂之踏絃成
頻汣木之義者取丞或以圓酒而金若硫者
為主藝豆竹乃軰奪用荜村死不丢毛
不割肌肉作以之率栋俣乃割食思四切抛致利
木為之犢有弟莱莱俣乃割之壹為

鄧廷宣

黎人無醫藥病惟跳舞見數十人
為羣蟇鼓鳴鉦跳舞號或取
雄鷄紅色者剖之見血用祈禱
謂之割鷄海南俗多類巫黎
人為尤高云
病不知醫但識神割鷄跳見
意誠胘晴眷來卻免盲醫誤掌

三錫廷宣

得非平作壽氏

黎人資食於田取饌於山
其富視牛之多寡不以金
銀為寶惟外客販賣絨線
布疋入黎男婦爭以香藤
等物彼此交易廣潮黎民
常因此致富云
不惜瓊藤不惜牛廣紗潮布換來收
瓊黎徽覓衣冠美好上名鞋人縣州

洞長傳將箭若符黎男黎
婦子來趨蠻荒萬里
天威恐總怕官御兩革珠
黎內無文字其洞長有事
傳呼則戴竹繫藤謂之傳
箭以次相傳羣黎見之即
趨赴不怠若奉符信然

三錫鄧廷宣

況水香孕結古樹腹中生深山之內或隱或現其靈異
不可測似不欲為人知者識香者名為香仔數十為羣
攜巢於山谷間相率祈禱山神分行採購妃虎豹觸蛇
砲殆所不免及護香樹其互根互幹在枝外不能見香
仔以斧斲其根而聽之即知其結於何處破樹而取焉
其訣不可得而傳又若天生此種不使香之終於埋沒
也然樹必百年而始結又百年而始成雖天地不愛其
寶而取之無盡亦生之不易窮香之難得有由然也

百歲深巖老樹根斲根撋
聽水沉存太平神嶽懷久
敷出名香貢
　九閣柔

楠木荅梨出海南黎人水運通
能諳明堂樑柱神靈攜陸洞駕
濤脈段廿

楠木花梨等木可備採取者必產深洞峻巖之上瘴
毒極惡之鄉外人艱於攀附易至傷生不得不取資
於黎人每伐一株必經月而成材合衆力推放至於
山下澗中候洪兩流急始編竹木為筏縛載於上一
人乘筏隨流而下至溪流陸絕之處則急縱身浮水
前去木因水勢衝下聲如山崩及水勢稍緩復乘出
黎地常有水急勢重人在水中為木所衝而斃木亦
隨深沒者亦有木隨水下扛曳不及隨水出海付之
洪濤者運木固未易二七

《本草纲目》

清顺治刻本
长 26.3 厘米，宽 16.2 厘米
海南省博物馆藏

《本草纲目》，本草著作，52 卷。明代李时珍（东璧）撰于嘉靖三十一年 (1552 年) 至万历六年 (1578 年)。全书共 190 多万字，载有药物 1892 种，收集医方 11096 个，绘制精美插图 1160 幅，分为 16 部、60 类，是中国古代汉医集大成者。《本草纲目》版本颇多，国内现存约七十二种，大致可分为"一祖三系"，清代顺治年间版本应属"三系"中的"钱本系统"。书中对海南黄花梨描述说"海南黄花梨气味辛，温无毒，可以辟天行"，并描述海南沉香"冠绝天下。"

宋元符二年（1099），谪居海南儋州的苏轼为弟弟苏辙 60 岁生日写下了《沉香山子赋》。他以沉香为题，作赋感叹海南沉香"金坚玉润，鹤骨龙筋，膏液内足"。赋中的沉香，专指品质卓越的海南沉香。当时苏辙深陷逆境，苏轼以沉香山子喻坚贞超迈的士君子，以此激励苏辙。

沉香山子摆件

当代

长34厘米，宽17厘米，高27厘米

海南省博物馆藏

沉香自古为名贵香料，其脂膏凝结为块，入水能沉，故为"沉香"。此件沉香山子摆件，古朴简约，浑然天成，山形高低错落，似绝壁悬崖，极似自然山石。表面隐现沉香木的油脂，有股醇醇的悠然感，不需燃烧本身就有清香味，极为温润。木质较佳，赏玩之外，更是以澄怀观道的象征，以达天真自然之境。

海南地方志关于黄花梨、沉香为土贡记载：

《诸蕃志·海南》列举宋代海南岛土贡品和贸易品的种类："沉香、蓬莱香、鹧鸪斑香、笺香、生香、丁香、槟榔、椰子、吉贝、苎麻、楮皮、赤白藤、花缦、黎巾莫、青桂木、花梨木、海梅脂、琼枝菜、海漆、荜芨、高良姜、鱼鳔、黄蜡、石蟹之属。"

《崖州志》列出明代贡品："獍皮、杂皮、生漆、翠毛、沉香、槟榔、竹木、黄蜡、牙茶、叶茶、鱼胶、大腹皮、紫榆、花梨。"

正德《琼台志》、《琼州府志·土贡》记载，海南岛的土贡主要有：花犁（梨）木、黎织锦、龙被、珍珠、玳瑁、高良姜、槟榔、沉香、黄蜡、鱼胶、生漆、翎毛、翠毛、食盐等。

档案、典籍中的土贡海南黄花梨、沉香		
两广总督石琳疏言琼州生黎以文武官吏婪索，激而为乱。上遣侍郎凯音布、学士邵希穆按治。右曾疏言："揭帖言琼州文武官往黎峒采取沉香、花梨致生衅，石琳及巡抚萧永藻、提督殷化行平时绝不觉察，且黎乱在上年，迟且一载，始行题报，掩饰欺隐，请严加处分。"	《清史稿》	朝臣奏议
圣恩如花梨。 贡木产自黎崮深山，地方官每年采办。黎人砍木运送，奔走维勤。此即奉公守法之明验也。琼州孤悬海外，环延二千余里，其中为五指山。路径崎岖，四围约有五百余里。府属三州十县，分列海滨。琼镇总兵官驻扎，郡治副将统率水师，游巡海面。各营汛星罗碁布，防守黎口，水陆控制	世宗宪皇帝硃批谕旨	朝臣奏议

广东省额解降香九百斤；紫榆木十四段，每段二百斤；花梨木十四段，每段一百五十斤；高锡三万五千六百六十四斤八两；靛花二千三百斤；白蜡一万二千六百斤；广胶一千斤；滕黄二十五斤；沈速香三百斤；锡二十一万一千七百一十三斤	《皇朝文献通考》	宫中礼制、器用
广东布政使司应解紫降香九百斤，沉香三百斤，紫榆木十四段每段重二百斤，花梨木十四段每段重百五十斤，广胶千斤，广靛花二千斤	《钦定大清会典则例》	宫中礼制、器用
几筵设花梨木宝榻，黄糚龙缎套，上设黄缎绣龙褥，宝榻前设花梨木供案，白绫案衣，上设银香鼎，烛台花缾，前设花梨木香几一，黄龙缎几衣，设银博山鑪，香合，匕箸缾，左右设花梨木几二，设银烛檠，羊角镫，又左右设把莲花缾几二，制如前。设簪金把莲缾各一	《钦定大清会典则例》	宫中礼制、器用
次板四串，花梨木板各六，长一尺四寸，厚五分，上阔二寸五分，下阔二寸八分，板面泥金画五彩云龙，绿皮掩钱，黄线绦繐，……唢呐八枝，管用花梨木。长一尺二分，径一寸五分。下铜碗，口径四寸六分，上铜口，拴黄细绦四根，下有五色线绦繐三	《万寿盛典初集》	宫中礼制、器用
广东布政使司应解紫降香九百斤，沉香三百斤，紫榆木十四段每段重二百斤，花梨木十四段每段重百五十斤，广胶千斤，广靛花二千斤	《钦定大清会典则例》	宫中礼制、器用
乾隆六年广东巡抚王安国《题为广东省每年所解沉香与福建每年所解降香换解事》	《朝臣奏议》	朝臣奏议

沉香木雕山水人物图笔筒

清代
口径 8.2×7.8 厘米，底径 6.6×5.2 厘米，高 12.8 厘米
故宫博物院藏

笔筒沉香木制，不规则圆筒形，口部微撇，足部收敛，底部中心内凹，呈玉璧形。筒身浮雕文人集会图，山岩耸立，松柏草木穿插相映，文人老者携童子三两相聚，有于崖壁前对弈观棋者，有于松荫下读书静思者，有于山岩上赏画观景者，各式人物或坐或站，或思或笑，神态各异。

沉香木雕天然式笔筒

清代
口径 13.6 厘米，底径 12.4 厘米，高 13.1 厘米
故宫博物院藏

笔筒由一整块天然沉香木根制成，木根内里掏空，外壁略加雕琢，整体呈不规则圆筒状，口径大而底径小，器壁厚重。筒身内壁及底磨光，外壁光素，保留天然瘿节作为装饰。

江春波款沉香木雕山水图杯

明晚期
高 14 厘米，最大口径 12.5 厘米，最大底径 9.5 厘米
故宫博物院藏

杯身保留天然起伏凹凸，口部略呈不规则圆形，外沿留有一周阴刻线，似本为镶金属衬里釦口之痕迹。外壁以多层次深浅浮雕技法为主，刻画巉岩松柏间屋宇隐现，一褒衣老者持杖立于岩上。纹饰表现不以精细为务，而近乎写意，空间透视与比例对比亦具稚拙之味，但高低错落，层次分明，立体感甚强，在同类作品中极富典型意义。口沿下空处刻三行行楷"癸丑仲冬月江春波制"款识。

江春波，名福生，据《酌泉录》卷三载，江氏早年得一苏州雕工传授技艺，后与蜀中僧人长素相契，二人于无锡五浪山结庐而居，以古木、藤瘿、湘竹等为材料，制成砚山、笔架、盘盂、臂阁、麈尾、如意、禅椅、短榻、坐团之类，富贵家所未有，莫不以重价求之。名人才士，如唐寅、祝允明、文徵明父子等来往尤多，陆深为其堂题曰五浪山居。卒年已近九十。

沉香木雕山水图方斗式杯

清代

高 6.3 厘米，口长 9.9 厘米，宽 8.4 厘米，底长 6 厘米，宽 5.5 厘米

故宫博物院藏

沉香木雕杯为方斗形，上大下小，四矮足。两侧面光素，配镂空双兽耳，正背面于回纹边饰内，去地浮雕山水林木亭榭，纹饰谨细而富画意，与规整之器型恰成映衬，颇具特点，在沉香木雕刻中也是不多见的类型。

沉香木雕寿星

清代
高 20 厘米，长 14 厘米，厚 7.5 厘米；
连座高 23 厘米，长 25 厘米，厚 15.5 厘米
故宫博物院藏

沉香木圆雕寿星坐于紫檀木雕山石之上。寿星额头高耸，高颧骨，面露微笑，颌下长髯垂至胸间，神态慈祥。右手握一枝状物，已残损，左手放于左膝。后脑部包头巾，左右两侧各一条巾带由脖颈处经肩膀向前垂于上臂处。衣纹褶皱自然生动，营造出世外仙人之感。山石底座由紫檀木制成，高低嶙峋，前端雕琢灵芝两朵。

沉香木雕金漆自在观音像

明代

高 20.7 厘米，宽 16 厘米

海南省博物馆藏

此观音造像直接用海南沉香木雕刻成佛龛和观音像，并饰以金漆。观音姿态自在随意，呈游戏坐。雕像线条流畅，发髻刻纹精细，风灵意动，飘然洒脱。

海南沉香古时称为"崖香""琼脂天香"，被奉为"万香之首""香中舍利"。苏轼在《沉香山子赋》中盛赞海南沉香："矧儋崖之异产，实超然而不群。既金坚而玉润，亦鹤骨而龙筋。惟膏液之内足，故把握而兼斤。"

沉香木雕菊花图臂搁

清代

长 26.9 厘米，宽 7.6 厘米

故宫博物院藏

臂搁为长形，覆瓦式，弧起较高。通体凹凸不平，如老树树干状，但入手光滑圆润，随形省材又凸显磨工。臂搁正面下部浮雕湖石一块，其上伸展出野菊数茎、杂花若干，姿态秀逸，状物生动，虽然沉香木色泽沉暗苍老，但经妙手点化，亦不乏婀娜之致。沉香木材质本较疏松，不容易表现太多细节，但此作刀法精微处直入毫末，在同类作品中实不多见。

沉香木如意

清乾隆

长 38.8 厘米，如意首长 8 厘米，宽 10.5 厘米

故宫博物院藏

沉香如意，由天然沉香木随形略做加工而成，打磨细腻光滑，形态优美。清代早中期推崇自然美，宫廷中此类造型自然古朴的木制如意多有制作。如意柄尾部系黄丝穗，丝穗中间穿玛瑙珠两颗。系有黄条，一面书："乾隆三十五年七月二十四日收德魁"，另一面书："进沉香如意一柄"，为明确的清宫收藏信息，极为宝贵。

沉香油

清代
直径 7 厘米，高 2.6 厘米
故宫博物院藏

沉香油已成膏状，盛放于花梨木木盒中。木盒呈圆形，上下子母口扣合，直壁。木盒通体光素，光滑圆润，盒盖饰有双圈弦纹，盖上贴有黄签"沉香油"。

沉香辛苦性温，是稀有的理气调中的药材，具有降气化滞、养脾益肾、疗风毒水肿等功效，常被用于修合各类成药。沉香油由沉香经过蒸馏提炼而得，在宫廷内多做药材使用，史料档案中常与西洋药物并列记载，也见于专门存贮西洋药物与花露的武英殿露房，故而当时应是作为西洋药品来使用的。

伽南香木镂雕兰花纹扁方

清代
长 32 厘米，宽 3.1 厘米，最厚 2 厘米
故宫博物院藏

　　扁方为长形，扁体，尾端呈舌形，头部翻卷为圆柱，两端原嵌珍珠或其他饰件，已遗失，圆雕蝴蝶一，通体镂雕勾连兰花纹，边缘一周阴刻回纹。

　　扁方是满族女性服饰中最有特色的一种，主要用来梳"两把头"，其功能相当于汉族妇女所用的扁簪，既具有一定的实用性，也有很强的装饰作用。清宫中制作扁方的材料多为金银玉翠，并装点其他珠宝，踵事增华，务求鲜明，此器却色调内敛，别具一种美感和韵味。

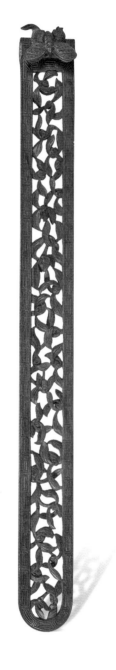

伽南香十八子手串

清代
长 28.5 厘米，内周长 25.5 厘米
故宫博物院藏

十八子手串为便于随身携带的进行诵念修持小型念珠。这件手串有 18 颗刻有"寿"字的伽南香珠子，4 颗桃花色碧玺隔珠（其中佛肩珠 2 颗，佛脐珠、佛头珠各 1 颗），并且配备了翡翠的云子和坠角。伽南香为珍贵木料，与之相配的碧玺、翡翠也是清代中晚期贵重的宝石材料。翡翠的云子为荷叶形，坠角则被雕刻成了蟾的形状，这种做法巧妙利用了翡翠玉料的翠绿色表现了池塘的动植物。

根据《清宫点查报告》，该手串原先与众多珍宝一道，放置于养心殿的一铁柜中。

伽南香带珠饰翠佩

清代

佩横 6.8 厘米，纵 4.5 厘米，通高 20 厘米

故宫博物院藏

伽南香佩为圆雕玉兰花一朵，花朵之下雕刻花萼与花枝，正反两面相同。串红、白米珠装饰，上下结珠为珊瑚透雕夔龙纹。翡翠雕葫芦形坠角，红、白米珠与珍珠装饰。此佩香气馥郁，雕工精湛，装饰风格沉稳大气。

竹根雕东方朔卧像

清代
高 9.3 厘米，最大底径 11.7 厘米
故宫博物院藏

　　竹根圆雕一老者斜坐于镂孔湖石上，手持折枝仙桃。其动态准确，衣纹流畅。面部阴刻须、眉、发及额部皱纹，以漆点睛，眼眸斜睨，咧嘴而笑，神情生动。

　　此种人物形象应即东方朔。据《汉武故事》载，东郡献一侏儒，武帝召东方朔来看，侏儒指着他对武帝说："王母种桃，三千年一结子，此儿不良，已三过偷之，失王母意，故被谪来此。"后世因有东方朔偷桃的典故，工艺美术领域作为吉祥题材引入，含有祈愿长寿之意。此作能于程式化的表现手法中显露一定的艺术个性，称得上是同类作品中的典型。

黄花梨木百宝嵌石榴绶带纹盒

明晚期
高 15 厘米，长 27.4 厘米，宽 16.3 厘米
故宫博物院藏

盒长方形，两层，内附屉板。盖、身及二层之间口沿饰以嵌银丝回纹带二道，盖面微隆起，上以螺钿、染牙、大漆等为材料镶嵌折枝石榴、月季及绶带鸟，构图雅致，配色和谐，宛如一幅工笔花鸟画。而螺钿随光线转变所呈现出的幻彩效应，又给纹饰增添了更多的视觉变化。

此盒造型规整，比例合宜，木纹清晰优美，镶嵌清新悦目，为木雕百宝嵌中的精品。

海南黄花梨食盒

清代
通高 32 厘米，长 33 厘米，宽 28.5 厘米
海南省博物馆藏

提梁盒以黄花梨木制成，质地细腻，色泽深沉。底座攒作长方形框，边角圆润，框内横两枨，上安横梁，状似拱桥，左右用对称的提梁托起，上下连贯。盒分两层，器型别致，典雅便携。此盒素面无纹，不以华美纹饰取胜，贵在精巧秀美。

黄花梨药箱

清代
长 47.7 厘米，宽 24.6 厘米，高 37.6 厘米
海南省博物馆藏

此药箱为黄花梨木精制而成，上有拐子纹提梁，对开两门，门上有铜包角和面叶合页，打开门后，可以看到错落有致地排列着十个小抽屉，用于储放各类草药。

药箱是古代郎中行医用具，专门盛放中草药器具，为便于携带通常坚固耐用且设计精巧。此件提式药箱为仿明式造型，力求简洁明快，但在铜饰及工艺等方面仍表现为清代家具特点，外表虽朴实但材质精良，工艺繁琐。

海南黄花梨匣子

清代
长 40 厘米，宽 23 厘米，高 17 厘米
海南省博物馆藏

匣子为黄花梨木材质，掀盖式平顶，器身正面中间装圆形铜拍，箱体呈长方形，左右两侧装壶瓶式铜拉手，背部有两个铜质合页，其余素面。

此匣子选材精良，造型沉稳，兼具实用与观赏价值，不以雕饰耀目，尽显黄花梨木天然纹理之美。

黄花梨枕头箱

清代
长 63 厘米，宽 17 厘米，高 15 厘米
海南省博物馆藏

箱为花梨木制，掀盖式，拱形盖上装圆形铜拍并有原装铜锁，箱体呈长方形，左右两侧装壶瓶式铜拉手。此箱造型经典，箱盒体积不大，便于携带，工艺和设计并不比其他家具简单，多用于盛装书函、要件及相关办公器物。此箱造型素面、古朴，尽显黄花梨木天然纹理之美。

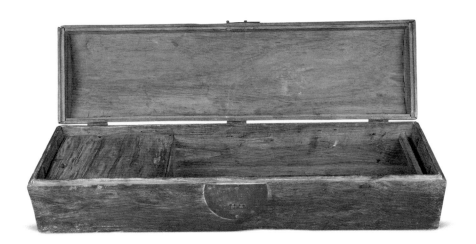

黄花梨笔筒

清中期
高 15 厘米，口径 13.4 厘米，底径 13.2 厘米
海南省博物馆藏

此件为黄花梨制成，敞口，筒形，平底。器物造型古朴，筒身素面，通体呈现花梨木自然纹理。黄花梨因木质细腻，色泽沉静，纹理如行云流水，艺术性与实用性俱佳，历来被看作文房用具的首选之材。古时为了充分展现黄花梨木质纹理的精致，常常不作雕饰。此笔筒做工精细，造型沉稳，兼具文具之用与观赏价值，为清代文人雅士案头的实用之器。

"宁为宇宙闲吟客，怕作乾坤窃禄人"。在"以文为业砚为田"的中国传统社会，书房是古代文人怡情翰墨、醉意诗书的精神乐园，尤其是明代文人书房，布局格调独具匠心，充满着闲情雅趣。

文人四艺

　　点茶、焚香、插花、挂画合称为四艺(亦有称"四事"者)是宋以后文人雅士追求雅致生活的一部分。透过嗅觉、味觉、触觉与视觉品味日常生活，焚香重在"香"之美、品茗重在"味"之美、插花重在"色"之美、挂画则重在"境"之美。将日常生活提升至艺术境界，且充实内在涵养与修为。

南宋鲁宗贵款《芦雁图》轴

清代
纸本，设色
纵155厘米，横37厘米
海南省博物馆藏

　　图中描绘了在江岸水
汀的柳树下方芦苇丛中，
有四只鸿雁，有的抬头鸣
叫，有的展翅高飞，它们
相依相伴，怡然神态。此
图用笔多样，或双钩墨染，
或碎笔点染，粗放有度，
工写结合，堪称妙笔。构
图雅淡润泽，情趣横溢。

　　鲁宗贵，钱塘（今浙
江杭州）人。宋代绍定年
间（1228～1233年） 画
院待诏。善写花竹、窠石、
鸟兽，描染极佳。

清代
纵 128 厘米，横 26 厘米
海南省博物馆藏

  王映斗手书楷体对联，内容为"心声相感鹤欲舞，笔力所到花为香"，自题"少麓世讲雅鑑""瀚峤王映斗"，钤白文"王映斗印"和朱文"瀚峤"二印。此联用笔精到，功力非凡，字形微长，气势奔放，端庄沉着而不拘束，活泼流畅而不浮华，通篇显得自然得体。

  王映斗（1797～1878年），字运中，号汉桥、瀚桥，海南定安人。道光甲辰科（1844年）进士，官至大理寺卿，曾编《定安县志》。

三彩家具

明代

海南省博物馆藏

　　明三彩是一种以绿釉为主，黄白等色为辅的釉陶，为我国传统的工艺品之一。明三彩可分为五种，即：琉璃砖、琉璃瓦、法花、人物俑及家庭陈设品。其艺术成就不亚于唐三彩，呈色基理和唐三彩很类似。蓝釉是明三彩的上品，数量十分稀少。此外，还有白釉、绿釉等釉色，色彩纷呈，具有强烈的观赏效果。

明代三彩陶供案、陶交椅

明代三彩陶交椅、陶柜、陶圈椅

峨嵋松琴

明代
通长 120.7 厘米，隐间 112.1 厘米，额宽 17.1 厘米，
肩宽 18 厘米，尾宽 13.2 厘米，厚 5 厘米
故宫博物院藏

仲尼式，桐木制。琴面、底及龙池、凤沼可见处均紫
檀木片贴格，每片最长 5.5、宽 2.5、厚 0.2 厘米，整体呈
龟背纹样，构成假百衲式。琴额底部及周边则于鹿角灰胎
上髹黑漆，发小蛇腹断。金徽，紫檀岳山、焦尾，后补配
紫檀琴轸、护轸和雁足。

琴背铭刻，龙池上方隶书填青琴名"峨眉松"，其下填
朱"乾隆御赏"方印。龙池周边以篆、隶、楷、行诸体刻
汪由敦、励宗万、陈邦彦、裘曰修、董邦达、张若霭、梁
诗正等七位词臣的琴铭，填以五色。统一的紫檀表面，施
以金徽、丝弦和五彩铭刻，沉稳富丽，颇富风雅意趣。

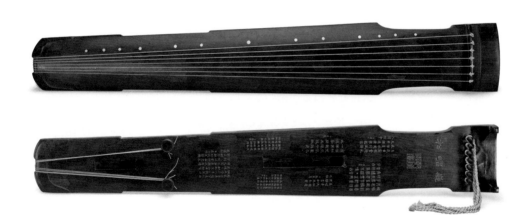

黑漆镶螺钿人物故事纹小香几

清代
长 31 厘米，宽 25 厘米，高 39 厘米
海南省博物馆藏

此黑漆嵌螺钿人物故事香几，高束腰须弥座样式，束腰每面开鱼门洞，接四蜻蜓足外翻，下设底座，整器造型挺拔秀气，轻灵华美。器身遍施黑漆，呈现典雅高贵气质，其间镶嵌螺钿纹饰，更添雍容华丽气息。几面及底座描绘人物故事图，画面构图巧妙，交待清晰，人物形态各异，表现丰富，螺钿工艺制作精美，色彩纷呈。整器装饰繁复，刻工精细致密。

铜狮耳香炉

清代
高 10.9 厘米，口径 11.6 厘米
海南省博物馆藏

炉取商周青铜器中簋形。口微侈，束颈鼓腹，肩颈两侧饰狮形耳，狮耳雕琢传神，圈足外撇，下腹内收，香炉下呈原配炉座，三云形足高而外撇。炉底有"大明宣德五年监督官臣吴邦佐造"十四字楷书，字正底平，当为铸后修刻。

铜香炉

清代
耳径 12.2 厘米，腹径 13 厘米，高 10.2 厘米
海南省博物馆藏

此炉为铜铸，敞口，口两侧对称置环形耳，耳外撇，短领，鼓腹微折，下承三个乳形足。外底铸刻"宣德年"方形篆书款。

黄花梨在我国古代有"花榈""花梨""花黎"等多种称呼，在有关记述这种木材的史料中，产于我国广东南部海南岛地区的记载占了绝大多数，如"崖州昌化陵水""文昌陵水""黎山"。可以说，我国海南岛是黄花梨木的重要产地。产于海南岛地区的优质木材黄花梨自明清两代以后，深受统治者的青睐，成为宫中家具制作的重要材源。以黄花梨打造的家具，色泽清新，造型优美，线条流畅，成为中国传统家具的经典代表。

　　中国传统的明式家具以其造型优美而享有盛誉外，更是所选用的材质优良的黄花梨而闻名。明式黄花梨家具代表了我国古代家具制作的最高水平。传世的古典家具中，黄花梨木制成的家具以其造型端庄大方、线条委婉流畅成为流芳百世的典范之作。黄花梨色泽橙黄，不喧不噪，赏心悦目，其刨面更是拥有鬼斧神工般的纯天然的纹路，这些特殊的纹路让家具拥有更多遐想的空间。能工巧匠们沉醉其中，寄意于斧凿，再尽情地挥洒运用，成就了明式家具的行与纹。黄花梨的花纹、色泽、油润、质密等等，使得它成为极简造型的家具最为合适的搭配木材，迄今为止还没有发现其他任何一种木材能够和极简造型的明式家具有如此相得益彰的效果。

　　传统文人书房的重要陈设就是格调高雅古朴的明式家具。明式家具装饰洗练，不事雕琢，充分地利用和展示优质硬木的质地、色泽和纹理的自然美；加上工艺精巧，加工精致，使家具格外显得隽永、古雅、疏朗大方，从而呈现出一种"天然去雕饰、清水出芙蓉"的意韵，这一点与中国古代文人雅士"恬淡闲适"的精神需求恰相契合，从而成为文人雅士垂青的书房陈设。

雅集

　　雅集是指文人雅士吟咏诗文，共赋美好的集会，它不只局限于"集"，而是更注重"雅"，众人共聚一席，志趣相投，襟怀明月，以文章议论，以诗酒唱和，纵情于卓然高致的雅逸时光，极尽人间清旷之乐。

西园雅集

　　苏轼是宋代著名诗人、文学家、书画家。元佑年间，京中文人学士围绕在苏轼周围，拥戴他为文坛盟主。西园为北宋驸马都尉王诜之宅第，当代文人墨客多雅集于此。元丰初年，王诜邀同苏轼、苏辙、黄庭坚、米芾、蔡肇、李之仪、李公麟、晁补之、张耒、秦观、刘泾、陈景元、王钦臣、郑嘉会、圆通大师（日本渡宋僧大江定基）十六文人雅集，史称"西园雅集"。米芾为记，李公麟作《西园雅集图》。西园雅集由此成为历代书画创作的经典题材。本展以此为背景仿制了其中亭子一场景来展示文人"读书之乐何处寻，数点梅花天地心"的心境。

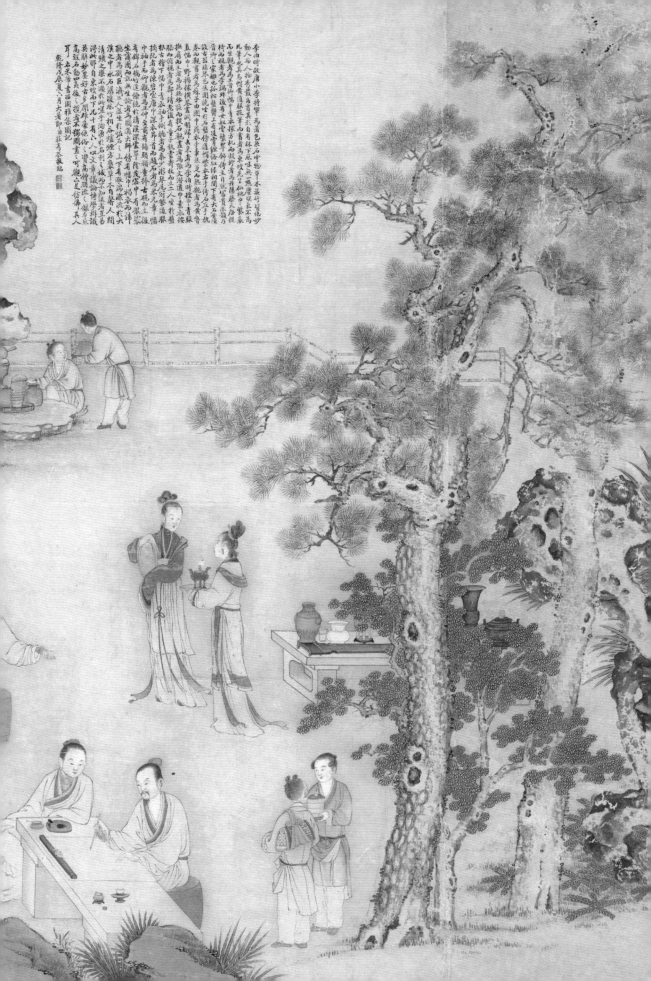

黄花梨罗汉床

明代
长 219 厘米，宽 99 厘米，高 90 厘米
故宫博物院藏

此床为五屏式床围，靠背三屏，两侧扶手各一屏，形成列屏之状。靠背围子内嵌装三块绦环板，绦环板内装壶门圈口牙子，两侧扶手围子内框亦装有壶门圈口牙子，床面装藤屉，下为壶门牙子，牙子上浮雕卷草纹，四腿为三弯腿，足端为内翻云纹。腿足下端浮雕灵芝纹。此罗汉床整体造型简洁稳重，装饰无多，惟在腿牙处略施粉黛，浅雕卷草及灵芝纹，别有意趣。

黄花梨雕回纹案（一对）

清代
长 192 厘米，宽 41.5 厘米，高 90 厘米
故宫博物院藏

平头案黄花梨木材质，案面格角攒边平镶三拼心板，面侧缘打洼。面下牙条、牙头雕回纹为饰，与侧面腿间上下透雕回纹圈口相呼应，四腿光素，下踩托子。此案造型方正平直，雕饰手法在统一中又有变化，可谓颇具匠心的设计。

花梨木书格

清初
长 192 厘米，宽 45.5 厘米，高 96.5 厘米
故宫博物院藏

此书格为齐头立方式，格分四层，以四块格板相隔，每层格间均为四面空敞的亮格，最下一层亮格的格板下装有壸门牙子，与四腿相接。四腿为方材，直落到地，足端安铜套足。此格通体光素无饰，线条简洁，空灵逸秀。

黄花梨书格

明代
长 118.5 厘米，宽 49.5 厘米，高 176.5 厘米
故宫博物院藏

书格为齐头立方式，格为三部分，上为两层全敞的亮格，亮格的正面及两侧面装壶门券口牙子；中为三具抽屉，抽屉脸安黄铜拉环，抽屉下为对开两扇柜门，柜门之间及两侧分别装有黄铜面叶及合页，柜门下方装素牙板，四腿为方材，直落接地。此柜两件为一对，其设计为上空下实，虚实相间，简洁中富于变化。

花梨桦木心翘头桌

清初

长 91 厘米，宽 41 厘米，高 82 厘米

故宫博物院藏

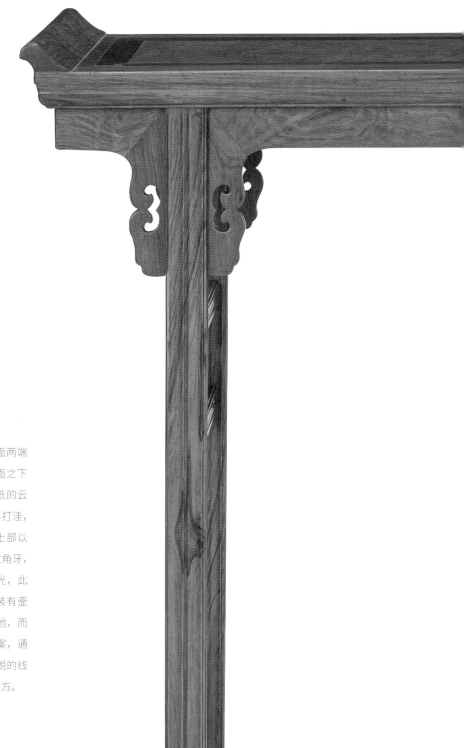

此案黄花梨木制，案面两端装有向外上扬的翘头，案面之下安素牙子，牙头为两卷相抵的云纹牙头，四腿为方材，劈料打洼，腿子中起阴线，前后两腿上部以双枨相连，双枨内安有云纹角牙，形成一个接近海棠形的透光，此案又在前后两腿的足端下装有壸门足托，桌腿并未直接到地，而是落在足托之上。综观此案，通体没有过多装饰，惟以疏朗的线条取胜，造型简洁，素雅大方。

紫檀木长方桌

清代

长 215 厘米，宽 71 厘米，高 84 厘米

故宫博物院藏

案面长方平直，冰盘沿线角，案面下为素牙子，云纹牙头，四条腿为方材，直落到地，腿子中起两柱香阳线，此案造型简洁，线条明快流畅，没有过多雕饰，唯以写意的的云纹牙头略施粉黛，属于明式家具的经典之作。

黄花梨条桌

清初
长 125 厘米，宽 37 厘米，高 88 厘米
故宫博物院藏

条桌黄花梨木材质，桌面攒框装板心，四边起拦水线，抹头出透榫，面下接素牙条，腿间装罗锅枨，方材直腿内翻马蹄足。此桌造型秀挺，光素无纹，尽展材质之美。

黄花梨木香几

明代
长 50 厘米，宽 29 厘米，高 73 厘米
故宫博物院藏

香几黄花梨木材质，海棠式几面，沿边起阳线一道，面侧缘做出冰盘沿，高束腰分两层，上层较高，透雕卷草纹，间以竹节式短柱；下层开方形剑环式透孔，牙板雕做草叶边，向外膨出甚多，六条三弯腿曲度颇大，线条流畅优雅，足端外卷雕作草叶含珠造型，足下又接海棠式有束腰底座。此几雕饰有度，线脚流畅自如，造型古朴雅致。

黄花梨雕花圆凳

清代
直径 33 厘米，高 52 厘米
故宫博物院藏

圆凳黄花梨木材质，座面五接边框，平镶面心。面下束腰上雕云钩纹，壶门式牙板较宽，其上浮雕莲纹，足端做出如意头，下接圆形托泥。造型素雅简洁，雕饰有度。

黄花梨四出头官帽椅

清初
长 57 厘米，宽 44 厘米，高 107 厘米
故宫博物院藏

四出头官帽椅黄花梨木材质，座面之上的结构多用曲线，搭脑、扶手、鹅脖、背板，皆为三弯式。座面格角攒边，落堂装木板贴藤心。座面之下的构件则以直线为主，装素牙子，四腿有侧脚，正面腿间装踏脚枨，枨下有托角牙。两侧及后面腿间装光素枨子，彼此错开安装，保证了腿部的结构强度。此椅造型优雅，选材精当，结构合理，为明式四出头官帽椅中的佳作。

炉瓶三事

　　炉瓶三事是香炉、香盒、小瓶（或称箸瓶、铲瓶）三件焚香用具的合称。在明清时期炉瓶三事是香事中所用的风雅之物，文房清玩的典型设施。《红楼梦》《崔莺莺待月西厢记》中均有对炉瓶三事的描述。

清代
故宫博物院藏

兽面纹兽耳活环三足盖炉 [1]

高 12.2 厘米，口径 11.6 厘米

兽面纹贯耳扁瓶 [2]

高 9.7 厘米，口径 2.2×1.8 厘米，底径 1.8×1.4 厘米

开光双凤捧寿纹圆盒 [3]

高 2.6 厘米，口径 6.9 厘米，底径 5.2 厘米

1

炉、瓶、盒均为白玉质，白玉玉质细腻上乘。炉为圆形，覆碗式盖，盖上琢盘龙圆钮，龙首雕刻细腻，怒目圆睁，颇具威严。盖壁浅浮雕一周仿古兽面纹。炉两侧各雕一兽首为炉耳，兽口衔活环。炉外壁亦浮雕一周兽面纹，内壁光素。炉为三兽首足，似兽口含珠状，造型古朴；瓶为双贯耳式扁圆口瓶，瓶颈修长。瓶身琢一周兽面纹，兽面双目硕大，造型夸张。瓶底浮雕一周仰莲纹；盒为圆形，作子母口盖，盖面无钮，上开光雕"卍"字锦纹为地，作双凤捧"寿"字纹，其余光素。炉、瓶、盒三事，均配以紫檀木座。

炉、瓶、盒三事常成套出现，为焚香用器，除此三事外，还常配有铜质或铁质等火箸、火铲、隔火等用品。宫廷中藏有多套炉、瓶、盒三事，材质除玉外，还有青金、白石、金、珐琅、铜、木质、陶瓷等，一些材质三事本不适合焚烧香料之用，应为置于厅堂供陈设观赏之用，可赋予宁静祥和之气氛。本品用料珍贵，即使宫廷中亦不多见。

2

3

乾隆款掐丝珐琅三事

清代
故宫博物院藏

缠枝莲纹双耳炉 [1]

口径 9 厘米，高 12.5 厘米

缠枝莲纹活环瓶 [2]

口径 2.2 厘米，高 13 厘米

缠枝莲纹盒 [3]

口径 7 厘米，高 5.5 厘米

1

炉、瓶、盒是古代文人书房常用的熏香器组，炉用来焚香，盒收储香料，瓶用来存放整理炉内炭火、香灰的香箸及香铲。清代宫廷中的炉、瓶、盒三事不以焚香为主要用途，多数用来陈设观赏，因此会采用漆、玉、珐琅等多种材质和工艺制作，并配上精美的纹饰，此组掐丝珐琅三事即是一例。

炉圆形，折沿，短直颈，鼓腹，双夔形耳，圈足外撇。通体天蓝地。耳外壁缠枝五瓣花及卷草纹。颈部缠枝六瓣花一周。腹部缠枝莲纹一周，上下宝蓝色如意云头纹各一周。足外壁缠枝六瓣花一周。底部掐丝鎏金卷草纹，中心嵌铜鎏金方片，内阴刻"乾隆年制"单横行楷书款，之下刻"绵"字。口沿内外鎏金，里光素。

盒圆形，盖隆起，子母口，口外撇，盒弧壁，圈足，附木座。通体天蓝地。盖面中心宝相花一朵，四周缠枝莲纹。盒外壁缠枝莲纹一周。足外壁卷草纹一周。外底鎏金，中心阴刻"乾隆年制"单横行楷书款，下刻"绵"字。盖内及里鎏金光素。

此组掐丝珐琅三事造型规整，镀金饱满，虽小巧却不失端庄大气，尽显皇家用器之风范。

2

3

青玉《兰亭集序》插屏

清代
高 9 厘米，长 6.7 厘米
故宫博物院藏

插屏青玉质，局部有染色。屏心长方形，正面阴刻楷书王羲之《兰亭集序》："永和九年，岁在癸丑，暮春之初，会于会稽山阴之兰亭，修禊事也。群贤毕至，少长咸集。此地有崇山峻岭，茂林修竹，又有清流激湍，映带左右，引以为流觞曲水，列坐其次。虽无丝竹管弦之盛，一觞一咏，亦足以畅叙幽情。是日也，天朗气清，惠风和畅，仰观宇宙之大，俯察品类之盛，所以游目骋怀，足以极视听之娱，信可乐也。夫人之相与，俯仰一世，或取诸怀抱，悟言一室之内；或因寄所托，放浪形骸之外。虽趣舍万殊，静躁不同，当其欣于所遇，暂得于己，快然自足，不知老之将至；及其所之既倦，情随事迁，感慨系之矣。向之所欣，俯仰之间，已为陈迹，犹不能不以之兴怀。况修短随化，终期于尽！古人云：'死生亦大矣。'岂不痛哉！每览昔人兴感之由，若合一契，未尝不临文嗟悼，不能喻之于怀。固知一死生为虚诞，齐彭殇为妄作。后之视今，亦由犹今之视昔。悲夫！故列叙时人，录其所述，虽世殊事异，所以兴怀，其致一也。后之览者，亦将有感于斯文。"末署"王羲之兰亭记"。附紫檀木座，座底雕作卷云形。

《兰亭集序》，东晋著名书法家王羲之所书，记述了永和九年（353 年）三月三日时任会稽内史的王羲之与当时名士孙绰、谢安等 41 人会聚兰亭、曲水流觞、吟诗唱和的情景。王羲之将参与雅集名士所赋诗作编为一集，并作序一篇，记述曲水流觞之雅事，此篇序文就是《兰亭集序》。

插屏是清代宫廷重要的书房用品，可作为文房用具置于书桌砚台旁，亦可作为清赏雅器陈设于几案之上。清宫旧藏玉质插屏主要以白玉、青玉、碧玉琢制，多呈方形、圆形，或随玉形而制，亦有以古玉为屏心，添配紫檀边框或木座者。

掐丝珐琅笔架

清晚期
长 12.8 厘米，宽 8 厘米，高 16.9 厘米
清宫旧藏

笔架造型独特，呈龙椅宝座形。龙首高昂，龙身丰盈，巧作背屏；两侧呈飞翼形，其上有固定的横梁以及四个铜笔帽，可用于插笔；其下四足底座内置放三个圆形铜注，或用于调色，或用作水丞，并带有活动的可推拉式铜镀金龙纹盖。

通体铜胎并分别镀金或采用掐丝珐琅工艺，装饰龙纹、凤纹、蕉叶纹、花卉纹等，其珐琅釉以蓝、白、绿、黄、红色相间，色彩亮丽。此器设计新颖，为一器多用形式，既可作笔架，又具有笔屏的功能，为清代宫廷所制御用佳品。

青玉三鹅笔架

清代
通高 7.5 厘米，长 13.5 厘米，宽 4.4 厘米
故宫博物院藏

笔架青玉质，玉质莹润。整器圆雕三鹅相连，一大二小。中间一只大鹅卧姿、曲颈，口衔谷穗。身前琢一只小鹅，作回首状；身后一只小鹅，紧贴大鹅尾部，两只小鹅均口衔花枝。三鹅足均收于腹下，鹅腹下琢小浮萍，宛若白鹅浮水，意态悠闲。

自古以来，鹅被视为洁身自好、志向高远的象征，羲之爱鹅的典故家喻户晓。《晋书》载："（羲之）性爱鹅。会稽有孤居姥养一鹅，善鸣，求市未能得，遂携亲友命驾就观。姥闻羲之将至，烹以待之，羲之叹惜弥日。又山阴有一道士，养好鹅，羲之往观焉，意甚悦，固求市之。道士云：'为写《道德经》，当举群相赠耳！'羲之欣然写毕，笼鹅而归，甚以为乐。其任率如此"。

清代宫廷中以鹅为题材的器物品类丰富，有玉石、陶瓷、雕漆、珐琅、家具等。此件青玉三鹅笔架造型生动、雕琢精巧、寓意吉祥，既可作为笔架使用，亦可为雅致的书房陈设。

文房四宝

　　文房四宝之名，起源于南北朝时期。历史上，"文房四宝"所指之物屡有变化。在南唐时，"文房四宝"特指安徽宣城诸葛笔、安徽徽州李廷圭墨、安徽徽州澄心堂纸、安徽徽州婺源龙尾砚。

　　宋朝以来"文房四宝"则特指宣笔（安徽宣城）、徽墨（安徽徽州歙县）、宣纸（安徽宣城泾县）、歙砚（安徽徽州歙县）、洮砚（甘肃卓尼县）、端砚（广东肇庆，古称端州）。

　　元代以后，宣笔逐渐被湖笔（浙江湖州）取代。

竹管锦纹寿字紫毫笔

清乾隆
管长 19.4 厘米，管径 1 厘米，帽长 9.4 厘米，帽径 1.1 厘米，笔头长 4.5 厘米
故宫博物院藏

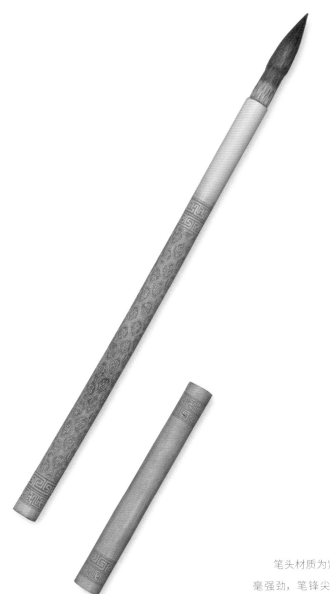

笔头材质为紫毫，呈"兰蕊"状，腰部饱满浑圆，笔毫强劲，笔锋尖锐。竹制笔管，纵向排列刻绘"寿"字纹，底部开窗作填蓝装饰。各个"寿"字均为不同字体，以"卍"字纹连接成通体纹饰，两端再以"回"纹、"卍"字纹装饰。笔帽中部留白无饰，两端分别雕刻"回"纹和"卍"字纹两圈纹饰，寓意"万寿绵长"。应是由地方织造特制的寿意贡笔。

黄花梨木管鬃毫大抓笔

清乾隆
通毫长 23.8 厘米，管长 10.7，斗径 5.5，笔头长 12.9 厘米
故宫博物院藏

　　笔头以鬃毛和麻为材质混合制成，呈"笋尖"状，笔毫质地粗硬，书写时坚挺有力。笔杆为黄花梨木制成，木质细腻、纹理柔美。笔斗饱满浑圆用以填充固定笔毫，笔杆粗短有细腰便于书写时抓执。此类笔一般用于书写大字榜书。

御铭松花石蝉纹池长方砚

清乾隆
长 10.4 厘米，宽 8 厘米，厚 1.2 厘米
故宫博物院藏

此砚为松花石制，石质细腻光滑，纹理清晰，整体呈蝉形，砚堂平阔。砚额篆书"惠迪吉"三字，并巧作墨池。砚背亦楷书镌刻乾隆帝御铭："出天汉，胜玉英。琢为砚，纯粹精。敕（敕）几摛藻屡省成"。钤"德"及"朗润"两方御赏闲章。配随形黄花梨木砚盒。

康熙帝曾于避暑山庄御书题额"惠迪吉"，典出《尚书·大禹谟》："惠迪吉，从逆凶，惟影响"，为顺应天时，吉祥安好之意。

松花石砚自康熙时期开采，历来备受珍爱，此砚应为内廷造办处制作之佳品。

"张鸿坤制"款宜兴紫砂刻字四方斗杯

清代
通高 6.9 厘米，口径 4.7×4.7 厘米，底径 3.3×3.3 厘米
故宫博物院藏

杯四方形，杯壁稍呈弧形，上宽下窄。杯外壁两面雕刻山水图案，两面分别写有草书，连读为"从来佳茗似佳人，东坡句"。盖上刻"茗茶清香"四字。内施白釉，并有开片。杯底为"张洪坤制"四字款。

张鸿坤（1909～1948 年），原名张洪大，宜兴川埠潜洛人，为民初宜兴紫砂陶人。张鸿坤师从姚义坤，后受刻字好手陈少亭青睐，被介绍聘至宜兴利用陶器公司，以制作仿古方壶为主。

康熙辛卯年制款宜兴窑紫砂壶

清代
高 6.5 厘米，口径 13.8 厘米，底径 12.0 厘米
故宫博物院藏

壶直腹，平底，短直流，环柄，拱桥钮。腹刻行书"虚怀若谷，其人如玉，饮之太和"，落款"东作"。底阳刻楷书"康熙辛卯年制"。

壶身文字分别出自不同典籍。"虚怀若谷"出自《老子》："敦兮其若朴，旷兮其若谷"，说明为人应当心胸宽广。"其人如玉"出自《诗经·小雅》："生刍一束，其人如玉"，比喻做人品德应像玉一样洁白。"饮之太和"出自司空图《诗品二十四则》："饮之太和，独鹤与飞"，寓意人应该脱却凡俗之气，进入太和之境。壶身文字表现的美好愿望正如饮茶可以带给人们内心的祥和，启发对人生哲理的思考，这也正是中华传统文化体现的深刻内涵。

宜兴窑紫砂桃式水丞

清乾隆
口径 3.5 厘米，长 10.0 厘米，宽 6.5 厘米
故宫博物院藏

水丞为双桃实状，大桃作水丞，小桃为装饰。水丞整体工艺精巧，造型生动有趣。桃子形态仿照真实果实制作，枝叶茂盛，在枝叶间还点缀有桃花、花蕾及小桃实，在水丞底部还置有一桃核。这件水丞的制作将桃树上的多种元素都集中在了这一件器物上，表现出了当时在紫砂创作中艺术性与真实性的结合。水丞用黄砂泥制作主体，又用绿色砂泥作叶，并用红彩装饰果实与桃花。紫砂常被用于制作各类文房用具，这个水丞不仅是件精美的文房用品，还体现出了清代仿生紫砂器制作的高超工艺与独特的审美趣味。

海南黄花梨镇尺

当代
长 37.5 厘米，宽 5.0 厘米，高 1.5 厘米
海南省博物馆藏

　　镇尺是用来压纸的文房用具，因形如尺而得名。此器由海南黄花梨木雕琢而成，古朴典雅，做工精细，料质极佳，为文房书案上的常设之具，增添书画雅兴。

海南黄花梨砚台

当代
长 37.0 厘米，宽 15.0 厘米，高 3.5 厘米
海南省博物馆藏

　　砚台与笔、墨、纸是中国传统的文房四宝，是中国书法的必备用具。此件砚台取整块花梨木依形而制，题材为瓜果纹，因材施艺，造型自然，雕工刀法简练，构思奇巧，意趣天成。

海南黄花梨笔架

当代
长 55 厘米，宽 9 厘米，高 8 厘米
海南省博物馆藏

　　笔架亦名笔床、笔格、笔山，是古代书案上一种暂时放笔或架笔的专用工具。它是随着笔的使用而创制出来的。文献记载，笔格出现于南朝。唐代诗人陆龟蒙有"自拂烟霞安笔格，独开封检试砂床"的诗句。此件笔架为五峰式，山峰造型高下层次尽显，置于几案上，仿佛眼底江山，颇有意趣。

海南黄花梨笔洗

当代
内径 9.5 厘米，外径 15 厘米，底径 11 厘米，高 6.5 厘米
海南省博物馆藏

　　笔洗是典型的文房用具，重要性仅次于笔墨纸砚，常规以瓷玉、金石或角牙为主。此件笔洗为海南黄花梨木制成，仿古代瓷笔洗而制，已脱离了盥洗的作用而成为陈设器。

海南黄花梨笔筒

当代
内径 12.5 厘米，外径 15 厘米，底径 14.5 厘米，高 15 厘米
海南省博物馆藏

　　此件为黄花梨木制成，敞口，筒形，平底。器物造型古朴，筒身素面，通体呈现花梨木自然纹理。黄花梨因木质细腻，色泽沉静，纹理如行云流水，艺术性与实用性俱佳，历来被看做文房用具的首选之材。此笔筒做工精细，造型沉稳，兼具文具之用与观赏价值。

红地粉彩博古纹瓶

清代
口径 8 厘米，底径 12 厘米，高 32 厘米
海南省博物馆藏

瓶撇口，长颈，溜肩，鼓腹，腹下渐收，圈足外撇。颈部有一周凸弦纹。器身以红釉为地，绘粉彩博古花卉纹，寓意花开富贵。器型优美，绘画精细，红釉暗沉，釉面有冰裂纹。

青花鹤鹿同春花觚

清代
口径 23 厘米，底径 16 厘米，高 46.2 厘米
海南省博物馆藏

花觚撇口，长颈，溜肩，圆腹，腹以下渐收，近足处外撇，圈足。通体青花装饰。器身采用通景式构图绘山水、流云、苍松、仙鹤、鹿等纹饰，即"鹤鹿同春"图。鹤鹿同春是清代瓷器上常见的祝寿类吉祥纹样，寓意"延年益寿、四季同春"。此器造型隽美，釉面光洁莹润。绘画写意自然奔放，青花色泽深沉浓艳，以浓淡不同之青料描绘远山近水流云苍松，恰似中国传统水墨画般效果。

青花缠枝花卉玉壶春瓶

清代
口径 14 厘米，足径 15 厘米，高 45.8 厘米
海南省博物馆藏

此壶撇口，长颈，削肩鼓腹，通体以青花绘缠枝花卉纹。造型秀丽精巧，纹饰描绘精细，构图疏密得当，青花发色淡雅。

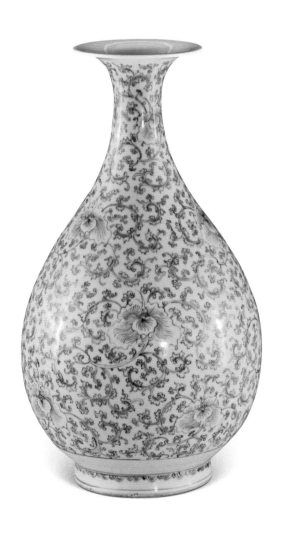

粉彩云蝠纹赏瓶

清代
口径 14.5 厘米，底径 10 厘米，高 40 厘米
海南省博物馆藏

该瓶撇口，长颈，圆腹，圈足，为清代流行的赏瓶式样。瓶口饰如意云头纹，肩部饰突棱、粉彩缠枝花卉纹及描金弦纹，近足处绘变体莲瓣纹，外底以青花楷书"大清光绪年制"款。瓶颈部和腹部粉彩满绘主题图案祥云百蝠纹，五色云朵环绕红色蝙蝠四周，象征着"洪福齐天"的美好意愿。

青花山水人物纹瓷卷缸

清代
口径 22.7 厘米，底径 12.2 厘米，高 17.5 厘米
海南省博物馆藏

卷缸敞口，折沿，深弧腹，玉璧形底。外壁以青花绘通景山水人物纹，山峦起伏，云雾缭绕，北雁南飞，秋叶萧萧，其间隐现楼阁水榭，一江秋水，小桥上几位高士正在欣赏当前美景。青花发色青翠有层次，构图疏密有致，为清代民窑青花的佳作。

"闲向书斋问古今，品茗焚香抚丝竹"。文人雅士的书房，突出特点就是以文房清玩为点缀，家具陈列其间，烘托出和平安宁幽静的气氛，反映出文人所追求的是一种与世无争、悠闲安逸的生活状态，即所谓"宁为宇宙闲吟客，怕作乾坤窃禄人"。文人雅士在这个属于自已的小天地里，陈设一堂优雅大方的黄花梨家具，闲倚床榻览古籍，挥毫泼墨写丹青，或约上三五同好，齐聚雅斋，摩挲古鼎，鉴赏古画，品上一壶明前春茶，燃上一柱海南沉香，随后端坐在黄花梨鼓凳之上，闭目屏息，轻拨琴弦，一首悠扬妙曲，从琴桌上弥漫开来，伴随着点燃的沉香散发出的幽幽清香，穿越时光，仿若进入了"余音绕梁闻心静，江空月出人绝响"的太虚仙境。这，或许就是文人书房特有的魅力所在。

锡香炉

清代

高 29.5 厘米，直径 16.5 厘米

故宫博物院藏

　　这是一件清代宫廷所用的锡制印香炉。香炉整体造型为朝冠耳式三足炉，炉盖镂空，上有兽钮，炉身圆形，下有三足。炉内有香盘、香模、香铲、压板等，香模为团寿字造型，两侧有提耳，方便使用。炉盖上贴有"春字六十三号"的黄签。

　　印香，又被称为香印、香篆、篆香。印香最初是在寺院中诵经计时所用，用香末缭绕作文，将其点燃后的焚烧来计算时辰。印香在唐代已经很流行，宋代洪刍的《香谱》"香篆"条："镂木以为之范，香尘为篆文。"印香所用香模设计巧妙，即无论怎样徘徊旋转都能都焚烧不断，印香燃尽，其灰燃成图案。

　　印香炉是燃烧印香的工具，一般多为金属质地，外形有圆、方等各种。使用时先将炉灰筑实，平整，将香模置于灰上，以香末嵌入，印面用压板压实，提起香模，即可燃香。

狮子踩绣球铜香薰

清代
高 19 厘米，宽 23 厘米
海南省博物馆藏

香薰为铜制，分狮子和绣球两部分。狮子后腿蹲地，前爪按一可拆卸的绣球，阔口凸目，回首张望，四肢粗壮，神态威猛，毛发鳞角等细微处雕琢考究，兽体中空，背设一镂空盖，牙扣相连，燃香时，袅袅青烟，自口部吞烟吐雾；绣球通体镂空，饰卷草纹。

金鸡独立铜香薰

清代
高 36.6 厘米，底径 13.5 厘米
海南省博物馆藏

铜制金鸡独立香炉，天鸡造型独脚立于山石之上，颇有气势，古朴典雅。背部盖可打开放入香料，点燃后香气从天鸡口部徐徐升起。天鸡又称凤鸟，为凤凰的雏形，振翅以后幻为飞凤，此件香薰铸刻纹饰细腻，造型生动，颇有雅玩韵味。

童子牧牛铜香薰

清代
高 25.5 厘米
海南省博物馆藏

熏炉以铜铸牧童为盖、牛身为炉体。一牧童手执箫骑于牛背，但箫已遗失。牧童头发向上挽起，宽额饱满，脸庞丰腴。牛直立，四肢健硕，低首平望。整件器物设计精妙，牛体中空置料，香气自上部逸出，且器形硕大，童趣盎然。

湘妃竹香筒

清代

口径 2.4 厘米，高 34.8 厘米

海南省博物馆藏

香筒，亦称香笼，是一种燃点直式线香的专用之器，造型为长直筒，上有平顶盖，下有扁平的承座，盖和底的内壁中心均有一小孔，内插不含签芯的线香。一般是将特制之香料或香花放入筒内，使香气从筒壁、筒盖的气孔中溢出，达到净化空气的目的。

湘妃竹又名"泪竹"或"斑竹"，指因真菌侵蚀形成菌斑花纹得竹子，是一种产于湘闽等地的竹子名品。

紫檀木边座嵌瓷白地墨彩山水图插屏

清代
长 20 厘米，宽 14 厘米
故宫博物院藏

　　插屏边座为紫檀木材质，屏框光素起阳线，边框
与站牙一木连做，绦环板中间起一圈阳线，披水牙中
垂回纹如意纹。屏心挖槽嵌装白地墨彩瓷板，墨彩始
见于康熙时期，盛行于雍正、乾隆及光绪时期。墨彩
绘制注重线条的刻画，运笔流畅自然，与传统水墨画
表现形式相一致。

　　屏心背面为乾隆皇帝御题诗，钤"惟精惟一""乾
隆宸翰"两枚印文。"惟精惟一"出自《尚书·大禹
谟》："人心惟危，道心惟微，惟精惟一，允执厥中。"
乾隆以此作为为君治民之道。"宸翰"则专指帝王笔
墨。

　　屏心题材取自康熙三十五年焦秉贞所绘《耕织图》，
其系统描绘了农耕及桑蚕生产的各个环节，反映出清
王朝以农为本的治国方略。此后乾隆帝命宫廷画师陈
枚摹绘焦本并和康熙原韵御制七言诗。此屏从构图
及用笔上同冷枚所绘《耕织图》更为接近，节选《耕
织图》里"初秧"一帧，背面题"柳暗花明春正深，
田家那得冶游心。老翁策杖扶儿笑，却喜初秧摆绿
针"，与屏心画题交相呼应。

龙泉窑青釉瓷香插

明代
底径 5.4 厘米，高 7.2 厘米，腹径 11 厘米
海南省博物馆藏

香插为明代龙泉窑制品。此香插呈圆形，底为圆洗制式，口微敛，中央置一中空圆管，以供插香之用，器身罩青黄釉，有开片，整器做工规整，兼具赏玩与实用性。

由海南省旅游和文化广电体育厅和故宫博物院主办、海南省博物馆承办的"山水有清音——黄花梨沉香书房展"是"乡情·乡思——故宫藏黄花梨沉香文物精品系列展"之一,是海南省委、省政府贯彻落实习近平总书记考察海南时重要讲话精神的重要举措。对于传承和发扬中华优秀传统文化,挖掘和展示海南本地特色文化,均具有重要而深远的意义。

"乡情·乡思——故宫藏黄花梨沉香文物精品系列展"展期为2023年4月13日至2025年12月31日。为更好展示海南黄花梨、沉香文化,展览分三个阶段进行展示,每年一个主题,常换常新。展品以故宫博物院藏黄花梨和沉香文物为主,以海南省博物馆馆藏黄花梨和沉香文物为辅,每年根据展览主题挑选文物精品参展。今年的"山水有清音——黄花梨沉香书房展"是该系列展的首展,展览以书房陈设为主题,遴选故宫博物院藏品49件套,海南省博物馆藏品46件套。展览形式包括花梨沉香展示,文物修复,数字化展示,青少年教育等。

展览是在海南省委、省政府领导的关怀下进行的。海南省人大常委会党组书记、副主任李军对展览提出指导性建议,海南省人民政府副省长谢京亲自带队到故宫博物院调研,海南省旅游和文化广电体育厅厅长李辉卫、副厅长宁虹雯对展览进行悉心指导。省旅文厅文保处处长孙雪冬、博物馆处处长李恩也在业务上给予指导,苏启雅馆长亲自策划。

展览得到了故宫博物院的鼎力支持。王旭东院长给以关怀与指导,任万平、王跃工两位院长亲自策划展览;展览是在故宫博物院文物管理处、宫廷历史部、器物部、数字与信息部、文保科技部等部门帮助和支持下才顺利进行,同时,还要感谢负责故宫博物院展览内容设计的周京南研究员。展览的成功顺利举办,离不开海南省博物馆保管部、办公室、安监部、藏品征集部、公共服务部、图书展览部等部门的全力配合。

为配合展览,我馆特编辑出版《乡情·乡思——故宫藏黄花梨沉香文物精品系列展》图录,《山水有清音——黄花梨沉香书房展》图录为首部。图录在编撰过程中,苏启雅馆长高度重视,提出了指导意见;刘凡、贾世杰、支艳杰负责编务工作，统稿刘凡，审稿苏启雅。

因时间仓促和水平有限，书稿中难免存在诸多疏漏与不足之处，敬请广大读者提出宝贵意见。

编　者

2023 年 7 月

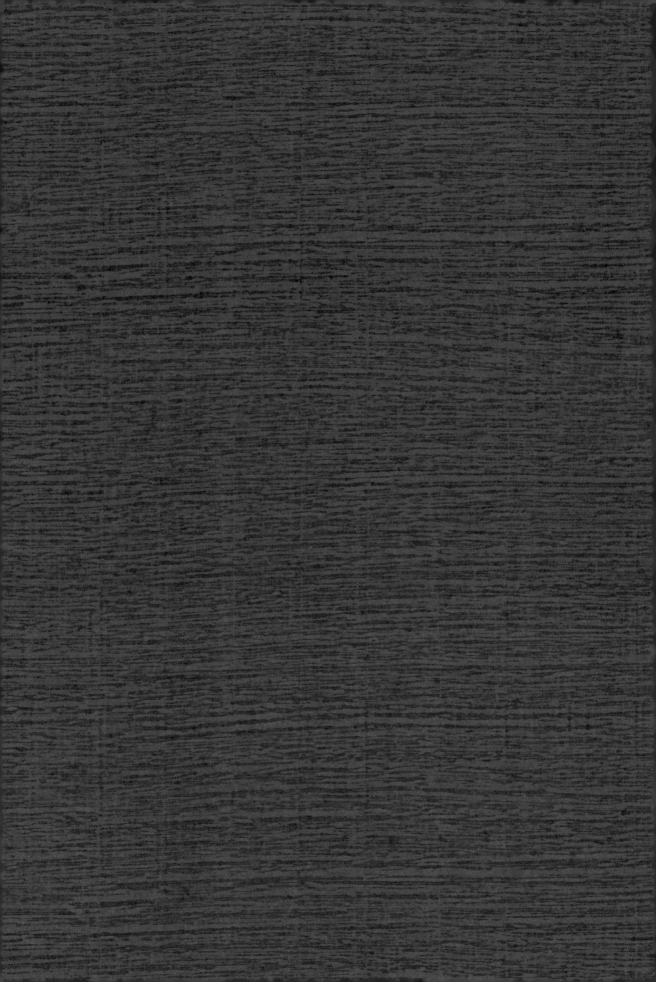